멍냥오디션 1

1판 1쇄 인쇄 2025년 3월 24일
1판 3쇄 발행 2025년 10월 2일

원작 | 비마이펫
만화 구성 | 박지영(옥토끼 스튜디오)
발행인 | 심정섭 **편집인** | 안예남
편집 팀장 | 최영미 **편집** | 조문정, 이선민
표지 및 본문 디자인 | 권규빈
브랜드마케팅 | 김지선
출판마케팅 | 홍성현, 김호현
제작 | 정수호

발행처 | (주)서울문화사
등록일 | 1988년 2월 16일 **등록번호** | 제 2-484
주소 | 서울특별시 용산구 새창로 221-19(한강로2가)
전화 | 02-791-0708(구입) 02-799-9171(편집) 02-790-5922(팩스)
인쇄처 | 에스엠그린

ISBN 979-11-6923-836-6 (74490)

©BEMYPET
※파본은 구입처에서 교환해 주시기 바랍니다.

삼색리믹스를 소개합니다!

#삼색이

??? ???
#생일 3월 3일
#코리안쇼트헤어 암컷
#유연성 끝판왕
#겉바속촉

#리리

??? ???
#생일 2월 21일
#래브라도 리트리버 수컷
#저세상 귀여움
#쭈인바라기

??? ???

♬ 삼색리믹스를 빛내 준 찐친들 ♪

고동이

해피

프간이

차례

#11 카페인에 중독된 고양이 · 4

#12 응, 너네 탈락이야 · 22

#13 이건 반칙이지!!! · 40

#14 내가 다 망쳤다옹… · 58

#15 인간의 사랑을 믿다니… 멍청한 고양이 · 76

#16 삼색이가 빡침+1을 얻었습니다 · 96

#17 그래 봤자 여론은 못 엎어 · 114

#18 망하는 건 너 하나다냥! 진짜 나락 예약?! · 134

#19 결국 우릴 두고 결혼할 거야?
　　눈물 없인 못 본다 · 152

같이 듣자! 삼색리믹스 <Don't be Shy and Shine> · 172

같이 듣자! 삼색리믹스 <세상이 야옹야옹> · 174

같이 듣자! 삼색리믹스 <Super Peace> · 176

못다 한 이야기! 여기 쿠키 있다 · 178

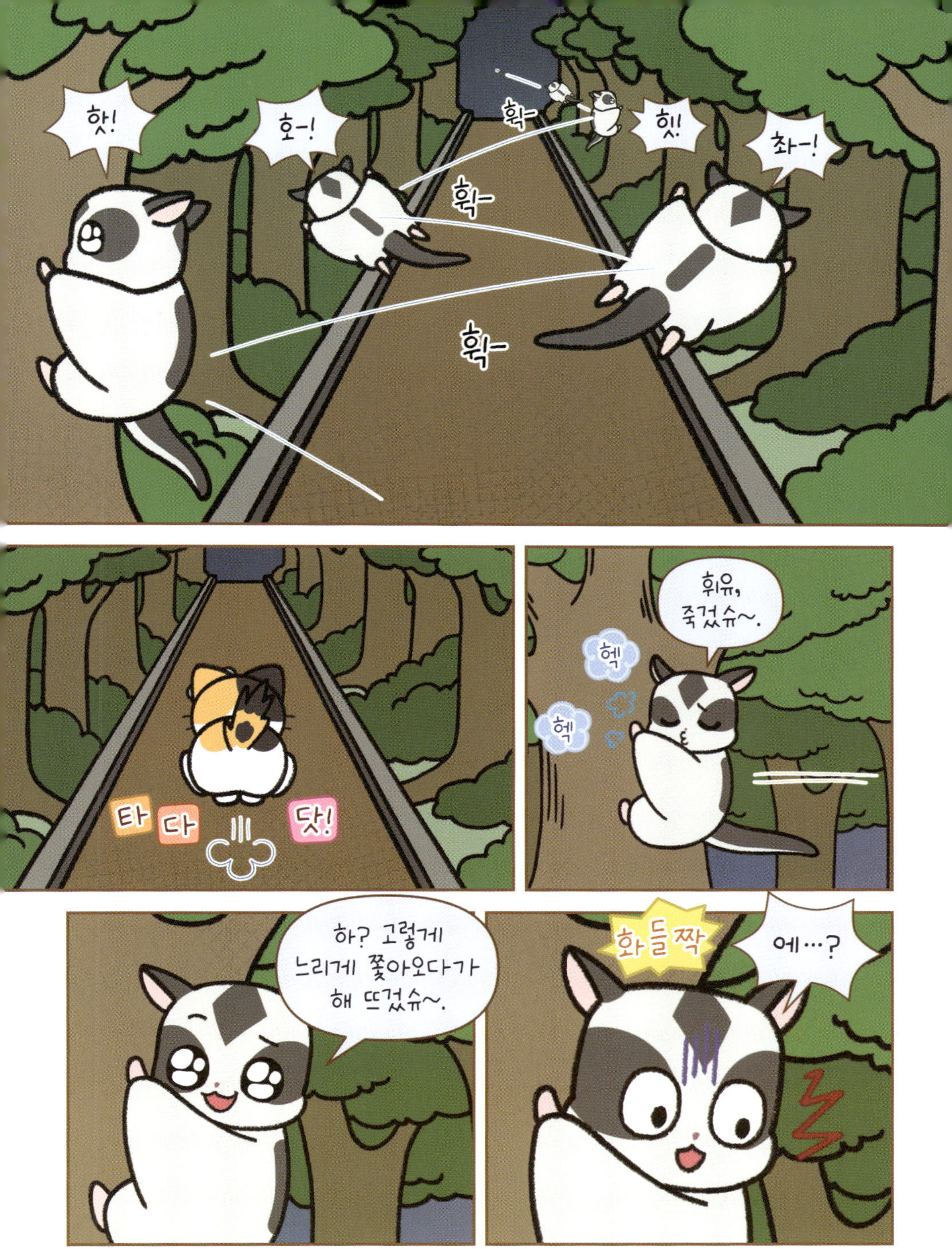

핫!
호-!
휙-
흿!
좌-!
휙-
휙-
타
다
닷!
휘유,
죽겄슈~.
헥
헥
하? 고렇게
느리게 쫓아오다가
해 뜨겄슈~.
화들짝
에…?

#19 결국 우릴 두고 결혼할 거야? 눈물 없인 못 본다

#같이 듣자! 삼색리믹스

Don't be Shy and Shine

쇼미더 애니멀 팝스타 예선곡
Song by 삼색리믹스

Don't be Shy and Shine
일어날 때야 지난날들의 웅크림
보여 줄 거야 내가 가진 빛의 색
이 무대로 오게 한 빛들의 이끌림
겁내지 않고 빛나 한 발짝 더

어두운 밤을 밝히는 별처럼
날아올라 높이 스스로를 믿어
도전을 두려워하지 말고 꿈을 펼쳐 and shine

오래 연습해 왔잖아. It's time to shine
수십 번 할 뻔한 포기, but didn't give up
무대 위 step-up you're gonna be fine
모두의 높은 기대치, but gonna live up

뮤직비디오

Don't be Shy and Shine
이 무대에서 지난날들의 노력 바라봐
모두 우리를 응원할 순 없지만 괜찮아
포기할 수는 없어 별빛들 위에 올라타
별빛에 반사되는 나만의 색

겁내지 않고 빛나 한 발짝 더
포기하라는 말들은 뒤로 던져
멈추란 말 하지 마 이건 나의 도전이야

오래 연습해 왔잖아. It's time to shine
수십 번 할 뻔한 포기, but didn't give up
무대 위 step-up you're gonna be fine
모두의 높은 기대치, but gonna live up

날아올라 높이 스스로를 믿어
이제는 우리들도 별처럼 빛날 차례 sun shine

오래 연습해 왔잖아. It's time to shine
수십 번 할 뻔한 포기, but didn't give up
무대 위 step-up you're gonna be fine
모두의 높은 기대치, but gonna live up
Don't be Shy and Shine

#같이 듣자! 삼색리믹스

세상이 야옹야옹

쇼미더 애니멀 팝스타 본선곡
Song by 삼색리믹스(with 고동이)

세상이 야옹야옹 했으면 좋겠어
하지만 아옹다옹 모두가 다 싸워
이제는 냐옹냐옹 모두 마음 비워
그리고 meow meow 나쁜 생각을 지워

집안이 야옹야옹 했으면 좋겠어
하지만 아옹아옹 다툼들이 많아
그만해 냐옹냐옹 모두 멈춰 세워
그리고 meow meow 집안 평화를 지켜

세상이 야옹야옹 했으면 좋겠어
하지만 아옹다옹 모두가 다 싸워
이제는 냐옹냐옹 모두 마음 비워
그리고 meow meow 나쁜 생각을 지워

집 밖도 야옹야옹야옹 했으면 좋겠어
하지만 위옹위옹위옹 위험이 넘 많아
무서워 냐옹냐옹 이불 속에 돌돌
집에서 meow meow 꿈나라로 솔솔
꿈나라로 솔솔

뮤직비디오

세상이 야옹야옹야옹 했으면 좋겠어
하지만 아옹다옹다옹 모두가 다 싸워
이제는 냐옹냐옹 모두 마음 비워
그리고 meow meow 나쁜 생각을 지워

지구도 야옹야옹 했으면 좋겠어
하지만 피웅피웅 큰 싸움도 많아
이제는 냐옹냐옹 내가 힘을 키워
힘차게 meow meow 나쁜 놈들을 치워
나쁜 놈들을 치워

세상이 야옹야옹야옹 했으면 좋겠어
하지만 아옹다옹 모두가 다 싸워
이제는 냐옹냐옹 모두 마음 비워
그리고 meow meow 나쁜 생각을 지워
나쁜 생각을 지워

세상이 야옹야옹야옹 했으면 좋겠어
하지만 아옹다옹 모두가 다 싸워
이제는 냐옹냐옹 모두 마음 비워
그리고 meow meow 나쁜 생각을 지워

#같이 듣자! 삼색리믹스

Super Peace

쇼미더 애니멀 팝스타 우승곡
Song by 삼색리믹스(with 슈가글라이더)

시간을 되돌릴 수 있다면
위치를 정해 봐 눈을 감아
손목에 시계태엽을 감아
과거의 시간으로 돌아가

우리의 시간 속 후회는 어디에
돌아가고 싶은 기억 저 뒤에
찾을 거야 바꾸고 싶은 과거
되돌릴 거야 기회는 나의 것

도망가고 싶은 날들도 많았지
또 망치지 않을까 무서움이 닥쳤지
잘못은 받아들이고 앞을 바라봐
발목 잡던 과거의 짐을 내려놔

우리의 시간 속 후회는 어디에
돌아가고 싶은 기억 저 뒤에
찾을 거야 바꾸고 싶은 과거
되돌릴 거야 기회는 나의 것

뮤직비디오

alpha beta sigma gamma
중요하지 않아 결국엔 모두 하나
과거도 중요해 하지만 미래를 볼래
이미 하나 된 우리, 앞길을 막지 마

우리의 시간 속 후회는 어디에
돌아가고 싶은 기억 저 뒤에
찾을 거야 바꾸고 싶은 과거
되돌릴 거야 기회는 나의 것

날아올라 높이 스스로를 믿어
이제는 우리들도 별처럼 빛날 차례

우리의 시간 속 후회는 어디에
돌아가고 싶은 기억 저 뒤에
찾을 거야 바꾸고 싶은 과거
되돌릴 거야 기회는 나의 것

못다 한 이야기! 여기 쿠키 있다

<#18 망하는 건 너 하나다냥! 진짜 나락 예약?!> 이야기가 끝난 후…

<#19 결국 우릴 두고 결혼할 거야? 눈물 없인 못 본다> 이야기가 끝난 후…

강아지 리리 고양이 삼색이와 함께 하는 행복한 이야기

©BEMYPET 구입문의: 02-791-0708 서울문화사